Ines Munoz Zuniga

Abtragen und Umlagern deponierter Feststoffpartikeln an der Phasengrenze fest-flüssig-gasförmig

Übertragung theoretischer Erkenntnisse der Oberflächentechnik auf verpackungspraktische Anwendungen

GRIN Verlag

Impressum:

Copyright © 2009 GRIN Verlag GmbH
Druck und Bindung: Books on Demand GmbH, Norderstedt Germany
ISBN: 978-3-640-27544-1

Dieses Buch bei GRIN:

http://www.grin.com/de/e-book/122899/abtragen-und-umlagern-deponierter-
feststoffpartikeln-an-der-phasengrenze

Technische Fachhochschule Berlin

Oberflächeneigenschaften sowie Grenzflächeneffekte von Packstoffen und Packmitteln (Modul M 3.1)

Ines Muñoz Zuñiga

„Abtragen und Umlagern deponierter Feststoffpartikeln an der Phasengrenze fest-flüssig-gasförmig" –

Übertragung theoretischer Erkenntnisse der Oberflächentechnik auf verpackungspraktische Anwendungen

Belegarbeit

Abgabetermin: 2.2.2009

1 Einleitung

Grenzflächenphänomene bestimmen in hohem Maße eine große Anzahl physikalischer, aber auch chemischer Abläufe in Alltag und Technik, so auch in der Verpackungstechnik. Die vorliegende Arbeit beschäftigt sich im Wesentlichen mit der Übertragung der Forschungsergebnisse aus der Dissertation von Christian Budde aus dem Jahr 2001 mit dem Titel „Abtragen und Umlagern deponierter Feststoffpartikeln an der Phasengrenze fest-flüssig-gasförmig". Ziel dieser Arbeit ist, „das Problem der Partikelbewegung im Wasserkreislauf aus verfahrenstechnischer Sicht zu betrachten und die wirkenden Einflußfaktoren aufzuklären." [1] Dabei wird die besondere Wirksamkeit von Grenzflä0cheneffekten auf Ablöse- und Umlagerungsprozesse mittels Filmströmung experimentell untersucht und innerhalb einer weitestgehend qualitativen Analyse versucht, die Basis für eine rechnerische Beschreibbarkeit zu legen.

Die Betrachtung von Grenzflächeneffekten berührt den Bereich der Verpackungstechnik in mehrerlei Hinsicht. Zum einen können im Bereich der Maschinentechnik die Reinigungsprozesse der für die Verpackungstechnik relevanten produktführenden Maschinenteile betrachtet werden. Hierbei sind insbesondere sogenannte CIP (Clean-in-Place)-Systeme relevant, d.h. die Reinigung von Maschinenbestandteilen vor Ort, ohne diese für den Reinigungsvorgang auszubauen. Es ist wichtig, den Reinigungsprozess im Sinne eines Ablöseprozesses von Schmutzpartikeln von der Maschinenoberfläche genau zu kennen, da eine Kontrolle – sei es durch die menschliche Sensorik, sei es durch technische Hilfsmittel - durch eine schlechte Zugänglichkeit vieler Maschinenteile nur schwer realisierbar ist.

Eine weitere Betrachtungsweise bietet sich im Hinblick auf Verpackungsmaterialien an. Zum Erreichen einer erhöhten Umweltfreundlichkeit von Verpackungen rücken die Themen Wiederverwendbarkeit sowie Restentleerbarkeit vermehrt in den Fokus. Um die Mehrwegfähigkeit einer Verpackung zu erlangen, muss gewährleistet sein, dass diese nach ihrem Einsatz im – für den jeweiligen Einsatzzweck - ausreichenden Maße und möglichst kostengünstig und effektiv in einen sauberen Zustand zurückversetzt werden kann. Aber auch die Vorbereitung von Einwegverpackungen, wie Einwegglasflaschen im Lebensmittelbereich oder Ampullen im pharmazeutischen Bereich durch sogenannte Rinser werden unter dem Gesichtspunkt der Grenzflächenphänomene besser beschreib- und analysierbar.

Im Folgenden wird zunächst auf wichtige theoretische Grundlagen eingegangen, um auf deren Basis diese dann unter Einbezug aktueller Methodiken zur Oberflächengestaltung und -modifizierung auf die genannten Bereiche der Verpackungstechnik zu übertragen. Der Fokus liegt dabei auf der Betrachtung physikalischer Phänomene; der Einfluss chemischer Vorgänge wird nur ergänzend betrachtet.

2 Theoretische Grundlagen

2.1 Erläuterung wesentlicher Begriffe

Für die nachfolgenden Betrachtungen ist es sinnvoll, zunächst einige für diese Arbeit grundlegende Begriffe zu erläutern.

Phasengrenze/Grenzfläche

„Als Phasen werden durch Flächen abgegrenzte makroskopische Bereiche mit konstanter Dichte und Zusammensetzung bezeichnet. Dabei kann jede Phase aus mehreren Komponenten bestehen. Ein stofflicher Kontakt zwischen verschiedenen, nebeneinander existierenden Phasen kommt allein an den Phasengrenzen, den sogenannten Grenzflächen zustande." [2] Phasengrenzen können zwischen zwei oder auch zwischen drei Phasen auftreten (z.B. s/l- und s/l/g-Phasengrenze).

Oberflächenspannung/-dichte und Oberflächenenergie

Oberflächenspannung als Folge der Kohäsion entsteht dadurch, dass – während sich bei den in einer Flüssigkeit befindlichen Molekülen die Kohäsions- oder auch Zusammenhangskräfte nach allen Richtungen hin gegenseitig aufheben - ein an der Oberfläche befindliches Molekül eine nach ins Innere der Flüssigkeit gerichtete Restkraft besitzt. Ein solches Molekül besitzt eine als Oberflächenenergie bezeichnete potenzielle Energie. Die Oberflächenspannung wird auch als Oberflächendichte bezeichnet. Die zugehörige SI-Einheit ist $[\sigma] =$ $J/m^2 = N/m = kg/s^2$ [3]. Werkstoffabhängig wird unterschieden in hochenergetische Oberflächen (z.B. Email) und niedrigenergetische Oberflächen (z.B. Teflon).

Partikel

Als Partikel (oder auch Teilchen, Korpuskel) werden kleine Körper (z. B. Staub- oder Schwebeteilchen in Gasen, Kolloide), kleinste Teile chemischer Verbindungen und Elemente (Moleküle, Ionen, Atome), Bestandteile des Atoms (Elektronen) und Atomkerns (Nukleonen) sowie alle Elementarteilchen [4]. Eine Übersicht über Möglichkeiten der Partikelcharakterisierung findet sich bei [5].

Schmutz

„Schmutz ist Sammelbegriff für – auf Oberflächen haftende – Substanzen, die Gebrauch, Hygiene oder Ästhetik des betroffenen Gegenstandes beeinträchtigen. Im Begriff „Verschmutzung" wird der enge Bezug „Schmutz – verschmutzter Gegenstand" betont, während die Benennung „Verunreinigung" darauf hinweist, dass der Zustand „verschmutzt" konsequenter Weise in Bezug zur „reinen" oder „sauberen" Oberfläche beschrieben wird." [6]

2.2 Beschreibung grundlegender Phänomene

Bei der Beschreibung von Abtragungs- und Umlagerungsvorgängen an der Phasengrenze fest-flüssig-gasförmig (s/l/g-Phasengrenze) treten einige wesentliche Phänomene auf, welche im Folgenden kurz beschrieben werden.

Filmströmung

„Unter Filmströmung versteht man den Grenzfall einer offenen Gerinneströmung über eine lotrecht stehende ebene Fläche." [1] Grundsätzlich lassen sich jedoch auch geneigte sowie gekrümmte Flächen einer Berechnung zugänglich machen. Für eine nach [7] berechnete Filmströmungsreynoldzahl ist $Re_{Film,kr} =$ 400 als kritisch zu betrachten. Da es jedoch auch bei laminarer Strömung zu einer Ausbildung von Wellen kommt, sind bei der Betrachtung der Filmdicke Mittelwerte heranzuziehen. In den meisten technischen Apparaten liegen meist Filmdicken von etwa 1 mm vor [7]. Aufgrund der Unvorhersagbarkeit des Einflusses von Unregelmäßigkeiten wird aufgrund von Erfahrungswerten eine Mindestdicke von 0,2 mm angenommen, bei der ein Aufbrechen der Rieselfilmströmung nicht zu erwarten ist [1].

Benetzbarkeit und Randwinkel

Unter Benetzung versteht man die Fähigkeit einer Flüssigkeit an einer festen Oberfläche mehr oder weniger stark zu haften. Sie ist eine Folge der Adhäsion zwischen den Molekülen der Oberfläche und denen der Flüssigkeit. Diese muss größer sein als die Kohäsion der Moleküle der Flüssigkeit, damit ein Benetzungseffekt entsteht [8]. Bei der Aufbringung eines Flüssigkeitstropfens auf eine feste Oberfläche bildet sich ein Randwinkel θ aus. Als Materialeigenschaft

resultiert er aus den Grenzflächenenergien des Feststoffs, der Flüssigkeit und
des umgebenden Mediums [1].

Partikelhaftung

Die Haftung von Partikeln auf festen Oberflächen hängt von vielen Einflussfaktoren ab. [1] sieht als wesentliche Haftkräfte die Van der Waals-Kräfte sowie
elektrostatische Kräfte, welche Bindemechanismen ohne Materialbrücken
darstellen (vgl. u.a. [9]). Van der Waals-Kräfte entstehen durch statistische
Schwankungen von Ladungsverteilungen durch Kopplung eines Dipols mit
einem weiteren Dipol durch Induktion eines weiteren Dipols [10]. [1] beschreibt
die Haftkraft durch die mikroskopische Theorie nach Hamaker, aus der sich
eine starke Abstandsabhängigkeit der Haftkraft ergibt. Da ein direkter Kontakt
aufgrund der Berechnungsformel sowie von Betrachtungen auf molekularer
Ebene nicht berücksichtigt werden kann, wird von einem Abstand von 0,4 nm
als realistischem Wert ausgegangen.

Vergleich der Kräfte auf Partikeln

Auf die deponierte Partikel wirken Strömung, Grenzflächenspannung, Haftung
und Gewichtskraft. Durch eine Kräftebilanz kann das Bewegungsverhalten einer
Partikel ermittelt werden. [1] trägt die wirkenden Kräfte entsprechend seiner
Versuchsbedingungen in einem Diagramm zum Vergleich auf (vgl. Bild 2.1).

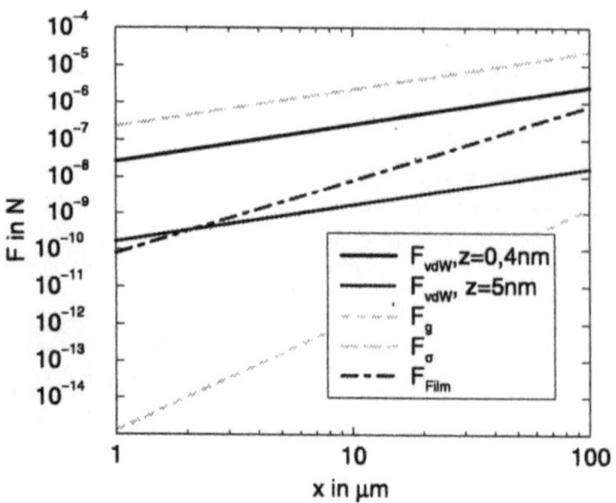

Bild 2.1 Vergleich an einer Partikel angreifender Kräfte [1]

Der Vergleich zeigt übereinstimmend mit den von [1] gefundenen Versuchsergebnissen, dass die l/g-Grenzflächen die größte Krafteinwirkung besitzen, während die Van der Waals-Kräfte nur auf kurze Distanzen wirken und in Flüssigkeiten entsprechend der Hamaker-Theorie noch kleiner werden. „Die anderen Kräfte sind aber nicht vernachlässigbar klein und müssen in einer quantitativen Betrachtung berücksichtigt werden, da sie zu den l/g-Grenzflächenkräften in Konkurrenz stehen." [1]

Betauung und Trocknung

Schlägt sich Feuchtigkeit auf einer festen Oberfläche nieder, so bilden sich an Kondensationskeimen kleine Tautröpfchen, die mit zunehmender Taumenge anwachsen und sich bei Zusammenstoß zu größeren Tröpfchen zusammenschließen. Die Tröpfchenform besitzt in guter Näherung die Form eines Kugelabschnittes; dessen Berührungswinkel entspricht dem Randwinkel θ.

Beim Trocknungsvorgang zieht sich der Tropfenrand auf idealer Fläche zurück, um die Randwinkelbedingungen einzuhalten. Auf der Oberfläche befindliche Partikel verändern den Vorgang durch Kapillarwirkung, da zwischen den Partikeln bis zur vollständigen Verdunstung noch Feuchtigkeit verbleibt. Zum Ende der Trocknung werden an den Partikeln Wasserbrücken ausgebildet, welche zu einer Verstärkung der Haftkraft bei den benetzenden Partikeloberflächen führen [1].

3 Versuchsbeschreibungen

3.1 Allgemeines

[1] hat versucht, den Einfluss von 3-Phasengrenzphänomen als wesentlichen Faktor bei der Abtragung und Umlagerung natürlich deponierter Partikel durch Regenereignisse zu identifizieren. Seine Untersuchungen gliedern sich im Wesentlichen in vier Teile: Zum einen wurden natürliche Staubproben gesammelt, deren Größenverteilung spektrometrisch gemessen und deren Morphologie rasterelektronenmikroskopisch erfasst wurde. Die anschließenden Laborversuche bestanden aus Abspülversuchen sowie Betauungs- und Trocknungsversuchen. Diese wurden mit Hilfe eines geeigneten Bildauswertungsverfahrens ausgewertet. Dabei wurden nicht nur die erwähnten Staubproben untersucht, sondern ebenfalls Glaskugeln verschiedener Durchmesser sowie Quarzsandpartikeln als Modellsubstanzen, die im Labor auf zum Teil mit Teflon präparierte Objektträger bzw. Objektdeckgläschen aufgebracht wurden. Diese unterschieden sich in den Unterlagenrandwinkeln, welche sich bei Fortschreiten bzw. Rückschreiten der Tropfen ausbildeten. Die Versuche lieferten vorwiegend qualitative Ergebnisse. Für die Betauungsversuche erlaubte die Bildauswertung auch eine Quantifizierung; diese war Grundlage für eine rechnerische Simulation, durch die geprüft wurde, ob die getroffenen qualitativen Modellannahmen die auftretenden Phänomene ausreichend beschreiben. Im Folgenden werden die Versuchsdurchführungen und –ergebnisse sowie die damit zusammenhängenden Modelle kurz beschrieben.

3.2 Abspülversuche

3.2.1 Versuchsbeschreibung

Für die Abspülversuche wurden Luftstaubproben sowie Glaskugeln von 30 μm, 50 μm und 100 μm Durchmesser verwendet. Diese sollten durch eine laminare Rieselfilmströmung von einem Glas-Objektträger abgespült werden. Die Versuchszeit betrug 30 Minuten, sofern nicht alle Partikeln vorher abgetragen wurden. Da bei allen Substanzen eine vollständige Abtragung direkt nach

Versuchsbeginn erfolgte, wurden diese zunächst einem Betauungs- und Trocknungsvorgang unterzogen.

3.2.2 Modellannahme

Abbildung 3.1 illustriert die Kräfte, die an einer deponierten Partikel auf einer schrägen Unterlage wirken. Zu ihnen zählen neben der Gewichtskraft Haft- sowie Strömungskräfte, eine der Strömung gleichgerichtete Widerstandskraft sowie eine aus Wandeffekten resultierende Auftriebskraft. Dabei ergeben sich weitere mögliche Beanspruchungen durch Tropfenprall, Aufprall anderer Feststoffteilchen sowie der Grenzflächenkräfte an den l/g-Phasengrenzen.

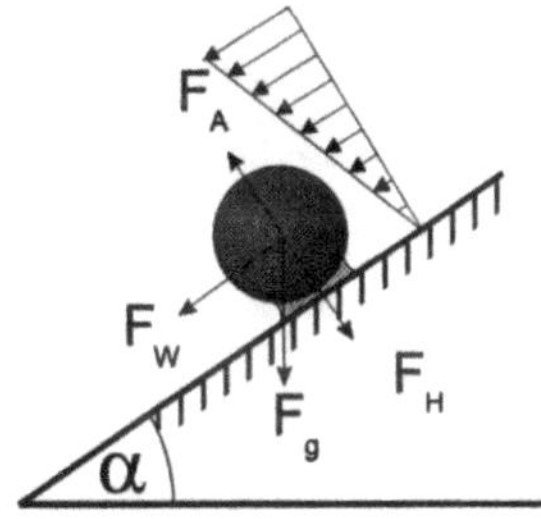

Bild 3.1 Kräfte an einer deponierten Partikel auf schräger Unterlage [1]

3.2.3 Versuchsergebnisse

Von den Glaskugeln wurden diejenigen mit einem Durchmesser von 100 µm direkt nach Versuchsbeginn abgespült. Bei den Glaskugeln mit einem Durchmesser von 30 µm und 50 µm stellte sich eine Zeitabhängigkeit heraus. Einzelne Partikeln oder auch Partikelgruppen wurden dabei in unregelmäßigen Abständen abgespült. Die meisten Abspülereignisse zeigten sich dabei in den ersten Minuten. Bei den Glaskugeln mit 50 µm Durchmesser waren die Ergebnisse schlecht reproduzierbar. Ein ähnliches Verhalten zeigte sich bei den Staubproben, bei denen alle Abspülereignisse in den ersten Minuten stattfanden. Hauptsächlich wurden dabei größere Partikeln entfernt. Durch die beim Wachsen und auch Trocknen entstehende s-/l-/g-Grenzflächenbewegung bildeten sich zudem Aggregate aus, welche sich durch die Ausbildung von

Stützkräften und Feststoffbrücken in der Folge schwerer abspülen ließen als einzelne Partikel.

Bei den Abspülversuchen konnte eine Abhängigkeit der Partikelgröße auf die im Vergleich zu den Haftkräften relative Zunahme der Strömungskräfte bei größeren Partikeln festgestellt werden. Größere Partikeln konnten leichter abgespült werden als kleine, da die Filmströmung eine größere Widerstandskraft auf sie ausübt. Aufgrund der geringen Zeitabhängigkeit der Versuche kann darauf geschlossen werden, „dass die Grenzflächenkräfte an der Flüssigkeitsfront wesentlich stärker am Abspülvorgang beteiligt sind, als die Strömungskräfte. Offensichtlich verändern sich die Haftkräfte im Verlauf der Abspülversuche nicht mehr weiter, so dass die Partikeln, deren Haftkräfte gegenüber en Grenzflächenkräften an der Flüssigkeitsfront groß genug waren, um eine Abspülen zu vermeiden, nicht mehr von den noch kleineren Strömungskräften in der Filmströmung abgespült werden." [1] Die wandernden l/g-Phasengrenzen waren somit entscheidender für den Abspülvorgang als die nachfolgende Filmströmung. Die an diesen auftretenden Kräfte haben sich somit bei den Abspülversuchen als dominierend erwiesen.

3.3 Betauungsversuche

3.3.1 Versuchsbeschreibung

Die auf Objektträger bzw. Objektträgergläschen befindlichen Proben wurden in einer Betauungskammer betaut und anschließend zur Trocknung in einen Aufbewahrungsbehälter mit Laborluftkontakt gelegt. Es wurden Quarzsandpartikeln mit einer geringen Korngrößenverteilung sowie einer durchschnittlichen Korngröße von etwa 30 µm sowie Glaskugeln von 30 und 50 µm Durchmesser eingesetzt. Die Aggregatbildung wurde durch Vergleich der Partikelverteilung vor und nach Versuchsdurchführung beobachtet.

3.3.2 Modellannahmen

Zur Beschreibung der Vorgänge wurden folgende vereinfachende Modellannahmen getroffen:

- Die Partikeln sind kugelförmig.

- Die Tropfen sind Kugelabschnitte.
- Die Unterlage ist eben.

Bild 3.2 zeigt entsprechend der Annahmen ein Modell, welches die Kräfteverhältnisse an einer Partikel wiedergibt, die sich am Rand eines gerade verdunstenden Tropfens befindet.

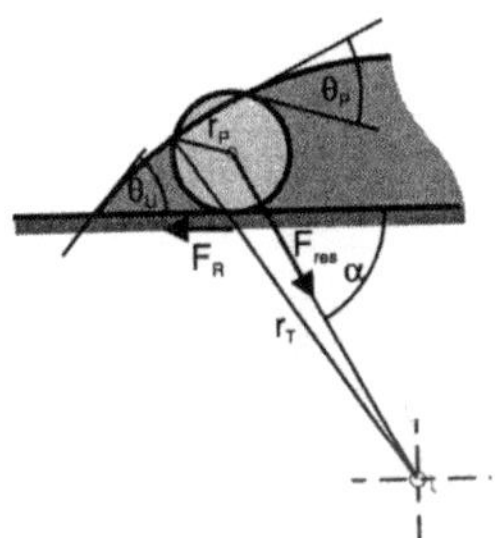

Bild 3.2 Modell der Kräfteverhältnisse an einer Partikel, die sich am Rand eines verdunstenden Tropfens befindet [1]

An den s/l/g-Phasengrenzen bildet sich an der Unterlage ein Unterlagenrandwinkel θ_U und an der Partikel ein Randwinkel θ_P aus. Das System befindet sich zunächst im Gleichgewicht. Findet ein Trocknungs-, d.h. ein Schrumpfungsprozess des Tropfens, statt, so bewegt sich die Phasengrenze nach rechts. Durch die Grenzflächenkräfte wirkt eine resultierende Kraft F_{res} in Richtung der Verbindungslinie der Kugelmittelpunkte von Partikel und Tropfen. Da diese im dargestellten Fall schräg zur Unterlage gerichtet ist, wirkt im Berührungspunkt der Partikel zudem eine Reibkraft F_R entgegengesetzt zur Bewegungsrichtung der Partikel [1].

3.3.3 Versuchsergebnisse

Die Betauung führt bei den nahezu agglomeratlosen Partikeln zu mehr oder weniger runden Aggregaten. Ihre Größe steigt mit der Betauungsmenge an. Dabei zeigen die Aggregate der Glaskugeln eine rundere Form als die der Quarzsandfraktionen. [1] vermutet, dass die entstandenen Tautropfen die Partikeln benetzen und diese beim Trocknen zum Tropfenzentrum zurückziehen. Aufgrund der größeren Rundheit der Glaskugeln werden diese leichter transportiert. Bei den Quarzsandpartikeln hingegen können kleinere Partikeln wie eine zusätzliche Oberflächenrauhigkeit wirken, wodurch örtlich variierende Randwinkel entstehen. Da als Folge die Tropfenränder sich nicht gleichmäßig zurückziehen, bilden sich unrundere Aggregate aus. Bei den Quarzpartikeln ist ein ringförmiges, geschlossenes Band von Partikeln beobachtbar. Diese werden während des Betauungsvorgangs nach außen transportiert, ziehen sich jedoch beim Trocknungsvorgang nicht wieder zurück, sondern werden dort deponiert.

Die rechnerische Simulation bestätigt die aus den Versuchen resultierende Annahme, dass die Aggregatgröße hauptsächlich durch drei Faktoren bestimmt wird: den Unterlagenrandwinkel, die Taumenge – dadurch, dass die Größe der zusammenhängenden Gebiete die Partikelmenge begrenzt – und die Beweglichkeit der Partikeln, welche von der Partikelform und den Haftkräften abhängt. Dabei werden für die Aggregatsform zwei Bildungsmechanismen als wesentliche Einflussfaktoren identifiziert, welche mit dem Unterlagenrandwinkel in Zusammenhang stehen: Bei kleinen Unterlagenrandwinkeln werden die Partikeln am Ende des Betauungsvorgangs am Rand der dann vorhandenen Tropfen abgelagert, bei großen Randwinkeln erfolgt das Ablagern im Zentrum der Tropfen während des Trocknungsvorgangs.

3.4   Diskussion der Versuchsergebnisse

Die Kräfte, die an den Phasengrenzen auftreten, haben sich für den Aggregations- und Abspülvorgang als entscheidend herausgestellt. Gerade bei den Abspülversuchen konnten die beobachteten Phänomene jedoch nicht eindeutig den aus der Grenzflächenspannung erwachsenden Kräften zugeordnet werden, da sie auch auf dynamische Effekte aus dem Aufprall der Strömung auf die noch unbenetzten Partikel zurückführbar sein könnten. Bei den Betauungsversuchen liegen jedoch Bedingungen vor, die als fast statisch zu betrachten sind. Die Ergebnisse lassen sich auch hier als Folge der Grenzflächenkräfte der Phasengrenze deuten, welche an der Dreiphasengrenze im Randwinkel θ auftreten. Die Berechnungen zeigen zudem, dass „die Partikeln sich tatsächlich an der Phasengrenze anordnen – und nicht im Innern des Tropfens – und von dieser transportiert werden. Es handelt sich nicht etwa um konvektive Strömungen im Innern des Tropfens, die für kleinere Partikeln allerdings auch eine wichtige Rolle spielen könnten." [1]

4 Überlegungen zur Übertragbarkeit auf den Bereich der Verpackungstechnik

4.1 Allgemeine Überlegungen

Eine Eins-zu-eins-Übertragbarkeit der theoretischen Forschungsergebnisse auf reale Probleme in der Verpackungstechnik ist nur bedingt möglich. Die Ergebnisse bilden zum einen eine Grundlage zur Erfassung und Diskussion realer Abläufe und Phänomene. Zum anderen ist die Untersuchung von [1] beschränkt auf Dreiphasensysteme; d.h., die Betrachtung von Zweiphasensystemen, wie sie auch in vielen Reinigungsprozessen auftreten, findet keine Beachtung. Auch das Strömungsverhalten der abtragenden Flüssigkeit ist in der Untersuchung eingeschränkt auf eine Filmströmung. Zudem beziehen sich die Ausführungen von [1] ausschließlich auf das Abtragen und Umlagern von einzelnen Partikeln, welche keine weitere Auflösung durch chemische Prozesse erfahren. Die einzelnen Problembereiche werden im Folgenden näher erläutert.

4.2 Zwei- und Dreiphasensysteme

Bei den von [1] untersuchten Phänomen handelt es sich stets um an Dreiphasensystemen auftretende Effekte. Jedoch kann nicht davon ausgegangen werden, dass es sich bei allen Reinigungsprozessen, die in der Verpackungstechnik auftreten, um ein solches System handelt. Bei den anfangs bereits erwähnten CIP-Systemen muss beispielsweise davon ausgegangen werden, dass hier im Wesentlichen ein Zweiphasensystem zum Tragen kommt, bei dem anstelle der Luft eine Reinigungslösung die stationäre umgebende Phase darstellt [10]. Die Übertragbarkeit von Untersuchungsergebnissen von Drei- auf Zweiphasensysteme ist nicht ohne Weiteres möglich. Es können jedoch jeweils Vermutungen angestellt werden.

4.3 Strömungsverhalten

In der vorliegenden Untersuchung durch [1] sollte der Einfluss von natürlichen Regenereignissen auf das Abtragen natürlich deponierter Feststoffpartikeln erfolgen. Hierbei wurde zur experimentellen Simulation eine Rieselfilmströmung eingesetzt, wodurch die Betrachtung eines Dreiphasensystems möglich wurde. Das Strömungsverhalten in den verschiedenen Reinigungssystemen kann jedoch anders gestaltet sein. Ggf. verschiebt sich die Problematik in den Zweiphasenbereich, in denen Grenzflächenkräfte im Gegensatz zu Strömungskräften keine Rolle mehr spielen.

4.4 Verschmutzungsarten

Bei der Verschmutzung von Verpackungen und produktführenden Maschinenteilen in Verpackungsmaschinen kommen nicht nur Partikel in Betracht. Entsprechend [10] wird mit Hinblick auf ihr Ablöseverhalten folgende Unterteilung in drei repräsentative Schmutzarten vorgenommen:

- partikuläre Verunreinigungen (kleinste, nicht weiter auflösbare Verschmutzung; z.B. einzelne Zellen, Mikroorganismen, unlösliche Kristalle oder Partikeln)

- kohäsive Schmutzfilme (flächenartige, nicht auflösbare Verschmutzungen mit hoher Resistenz gegen das umgebende Medium sind; z.B. Biofilme)

- chemisch lösliche Schmutzfilme (zusammenhängende und flächendeckende Verschmutzungen, die durch Reinigungsflüssigkeit zersetzt und aufgelöst werden können (z.B. Produktreste der Lebensmittelindustrie).

Bei den folgenden Betrachtungen werden entsprechend alle drei Verschmutzungsarten mit einbezogen, wenn nicht gesondert darauf hingewiesen wird.

5 Übertragung der Forschungsergebnisse auf die Verpackungstechnik

5.1 Relevante Bereiche der Verpackungstechnik

Die relevanten Bereiche der Verpackungstechnik lassen sich grob einteilen in einen verpackungsmaterial- bzw. werkstoffbezogenen und einen maschinen- bzw. systembezogenen Anwendungsbereich.

Verpackungsmaterial- bzw. werkstoffbezogener Anwendungsbereich

In diesem Anwendungsbereich subsumieren sich zwei wesentliche Themenbereiche: das Reinigen verschmutzter Mehrwegverpackungen zum Zweck der Wiederverwendung und das Vorreinigen an sich sauberer Verpackungen in der Lebensmittel- und Pharmaindustrie aus Produkthaftungsgründen. Die Reinigung spielt bei allen Mehrwegverpackungen eine große Rolle. Um den Rahmen der Arbeit jedoch nicht zu sprengen, werden die Ausführungen auf Getränkeflaschen beschränkt. Bei den Ausführungen werden auch aktuelle Materialentwicklungen angesprochen, welche in der aktuellen Diskussion um Restentleerbarkeit meist im Hinblick auf Anwenderfreundlichkeit oder auch Recyclingaspekte hin diskutiert wird (vgl. auch [11]). Wichtig beim materialtechnischen Ansatz ist zudem, dass man den eigentlichen Reinigungsprozess, welche durch die Reinigungsanlagen vorgenommen wird, nicht aus dem Blick verliert.

Maschinen- bzw. systembezogener Anwendungsbereich

Auch in der Maschinentechnik ist die Restentleerbarkeit eine wichtige Voraussetzung für hygienische Abläufe. Produktführende Maschinenteile müssen von Produktresten in Form von Partikeln oder auch Schmutzfilmen, aber auch nach einer Reinigung von verbleibenden Reinigungssubstanzen restlos befreit sein, um eine Kontamination des Produktes im Abfüllprozess auszuschließen. Die Reinigung findet jedoch heute zumeist nicht nach Ausbau des jeweiligen Maschinenteils – also cleaning-off-place (COP) – sondern in zusammengebautem Zustand statt. Der CIP (cleaning-in-place) genannte Prozess bringt jedoch eine erschwerte Kontrollierbarkeit des Reinigungserfolges mit sich.

Sowohl im materialtechnischen als auch maschinentechnischen Bereich ist es somit wichtig, die Reinigungsvorgänge im Sinne von Ablöse- und auch –im nicht idealen Fall – Umlagerungsprozessen genau beschreibbar und somit vorhersagbarer zu machen. Inwieweit der Ansatz nach [1] über die Beschreibung der Prozesse über ein Dreiphasensystem erfolgen kann und den technischen sowie wirtschaftlichen Rahmenbedingungen gerecht wird, wird im Folgenden diskutiert. Den Ausführungen vorangestellt wird die kurze Vorstellung zweier für diesen Bereich wichtiger Forschungsrichtungen, nämlich der Bionik und der Nanotechnologie, welche für beide Großbereiche wichtige Anregungen hervorgebracht haben.

5.2 Wirtschaftliche Betrachtungen der Reinigungsfähigkeit von Oberflächen in der Verpackungstechnik

Die Reinigbarkeit technischer Oberflächen ist insbesondere bei Produktionsprozessen im Pharma- und Lebensmittelbereich nicht nur von technischem, sondern auch von wirtschaftlichem Interesse. Rund ein Viertel der in den Vereinigten Staaten durch Rückrufaktionen entstandenen Kosten (etwa 30 Mrd. US-Dollar/Jahr) gehen auf mangelnde Hygiene und Reinigung zurück [12]. Das erhöhte Auftreten allergischer Reaktionen in der Bevölkerung hat dabei wesentlichen Einfluss auf stetig wachsende Hygieneansprüche. Gerade für mittelständische Unternehmen mit häufigen Produktionswechseln stellt es daher nicht zuletzt ein wirtschaftliches Problem dar, den gestiegenen Ansprüchen entsprechend den Qualitäts- und Sicherheitskonzepten (z.B. HACCP) der Lebensmittelindustrie sowie der gültigen Standards im Hinblick auf die Maschinen (z.B. nach EU-Maschinenrichtline, Lebensmittelhygienerichtlinie, GMP-Richtlinie, deutsche und internationale Normen [13], [14], [15], [16]) nachzukommen. Um negative Folgen wie Produktverderb und Kreuzkontaminationen zu vermeiden, ist es daher wichtig, die bei den Reinigungs-, aber auch Ablagerungsprozessen zum Tragen kommenden physikalischen und chemischen Prozesse zu verstehen, um diese gezielt beeinflussen zu können. Dabei stellt die Gestaltung und Optimierung der Oberflächen besonders in der Steril- und Reinraumtechnik (Lebensmittelindustrie, Pharma- und Kosmetikindustrie) einen essentiellen Faktor dar, „um einerseits die Adhäsion von Bestandteilen aus organischen und anorganischen Substanzen der Produkte und anderseits den Reinigungsaufwand zu minimieren." [17]

Die finanziellen Risiken infolge von Kontaminationen lassen sich jedoch vom maschinentechnischen Bereich auch auf die Oberflächen der Verpackungen selbst übertragen. Kommt es beispielsweise bei Mehrwegflaschen – trotz des Einsatzes von Kontrollwerkzeugen wie den sogenannten „Sniffern" – zu einer Kontamination des Produktes aufgrund eines unzureichenden Reinigungsergebnisses, kann es in gleicher Weise zu weitreichenden Imageverlusten und dadurch Gewinneinbußen führen.

5.3 Relevante Forschungsrichtungen

5.3.1 Bionik

Die Bionik ist ein noch junger Wissenschaftszweig der sich mit der Analyse biologischer Systeme und deren technischer Simulation beschäftigt. Ihre Bedeutung innerhalb von Forschung und Entwicklung wächst mit ansteigender Forderung nach Wirtschaftlichkeit, Nachhaltigkeit und auch Umweltfreundlichkeit an. Als Disziplin der Analogieforschung beschäftigt sie sich mit im Laufe der Evolution gewachsener Gestalt- und Struktureigenschaften mit hoher Energie- und Wirkungseffizienz. Auch der Verpackungstechnik eröffnet die Bionik die Chancen und Möglichkeiten, „verschiedene nachhaltig optimierte Verpackungslösungen der Natur für ihre Zwecke ökonomisch und naturverträglich zu entwickeln und innovativ anzuwenden." [18] Aufgrund moderner Messverfahren ist heute eine zunehmend detaillierte Untersuchung bis hin zur Molekularstruktur möglich. Um das immense Innovationspotenzial der Bionik voll auszuschöpfen, muss jedoch eine einfache Eins-zu-Eins-Analogiebildung zwischen Natur und Technik zugunsten einer Analyse des multifunktionalen Systems, welches ein biologisches System – meist im Gegenteil zu technischen Systemen darstellt – erfolgt [19].

Als besonders interessant für die gezielte Erlangung bestimmter Oberflächeneigenschaften für aktive Schichten hat sich in den letzten Jahren der sogenannte Lotus-Effekt herausgestellt. Dieser beruht auf der Imitation superhydrophober Oberflächenstrukturierung, wie sie bei den Blättern der Lotuspflanze zu finden ist. Wesentliche Voraussetzung ist die Hydrophobie der Oberflächen. Fällt diese weg, kann es sogar zu dem gegenteiligen Effekt einer erhöhten Benetzung führen [20]. Fast alle Flüssigkeiten benetzen die Oberfläche nicht, wodurch die Kugelform der Tropfen erhalten bleibt, und dieser beim Abrollen Verschmutzungen mit sich nimmt. Es handelt sich dabei – ähnlich wie in den Ausführungen von [1] - um einen Effekt, der nur im Dreiphasensystem auftritt; eine Bewegung von Flüssigkeit über die Oberfläche ist notwendig.

Grundsätzlich kann der Lotuseffekt sowohl in Produktionsprozessen als auch bei Verpackungsmaterialien zur Erzielung einer besseren Reinigbarkeit Anwendung finden. Die technische Nachahmung steht dem natürlichen Vorbild jedoch insofern nach, als die mechanisch empfindlichen strukturierten Oberflächen die notwendige funktionelle Schicht nach Beschädigung nicht nachbilden können [20].

5.3.2 Nanotechnologie

Die technische Realisierung des Lotuseffekts stellt ein Anwendungsgebiet der Nanotechnologie dar, da der Effekt nur in Kombination von niedriger Oberflächenenergie und Rauhigkeit (jedoch nicht < 100 nm) erreicht werden kann. Doch auch passive Oberschichten können mit ihrer niedrigen Oberflächenenergie zur Reinhaltung von Systemen beitragen [20]. Aber auch eine Erhöhung der Benetzbarkeit kann bei Reinigungsprozessen eine große Rolle spielen. Über nanotechnologische Verfahren können gezielt Rauheiten erzeugt werden, und somit die Benetzungseigenschaften verbessert werden. Bezüglich der Rauheit sind somit zwei unterschiedliche Ziele durch die Nanotechnologie verfolgbar: „Ist eine glatte Oberfläche relativ gut benetzbar, dann wird die Benetzbarkeit durch Aufrauhung noch weiter verbessert. Ist eine glatte Oberfläche hydrophob und damit schlecht benetzbar, dann führt eine Aufrauhung zu Superhydrophobie, also extremer Wasserabstoßung." [21]

Die Nanotechnologie ist ein „modernes Gebiet der physikal. Grundlagenforschung und Halbleitertechnik, das die Manipulation von Materie im atomaren Maßstab erlaubt. Ziel der N. sind präzise Strukturierungen in der Größenordnung von Nanometern [...] zur Herstellung extrem kleiner Bauelemente oder Strukturen nach vorgegebenen Eigenschaften." [4] Durch die Schaffung bestimmter Strukturen im nanoskaligen Bereich können Werkstoffe neue bzw. andere Eigenschaften erlangen. Die Haupteinsatzgebiete der Nanotechnologie können u.a. dort ausgemacht werden, wo feste, flüssige oder auch gasförmige Substanzen bewegt, verarbeitet und gelagert werden. Dabei steht die Schaffung von Material- und Grenzflächeneigenschaften, die gezielt mit bestimmten Eigenschaften ausgestattet oder ihrer entledigt werden, im Bereich der Produktion im Mittelpunkt des Interesses [20]. Eine Zusammenfassung der Anwendungspotenziale der Nanotechnologie in der Produktion gibt Tabelle A1 im Anhang. Die Rolle der Nanotechnologie beschränkt sich dabei vornehmlich auf den Bereich der Chemie und des Materialieneinsatzes; Aktivitäten und Patentlage im klassischen Maschinen- und Anlagenbau hingegen sind derzeit noch sehr beschränkt [22]. Bezogen auf Verpackungsmaterialien kann die Nanotechnik grundsätzlich in drei verschiedenen Bereichen Anwendung finden:

- Bereitstellung bzw. Verbesserung funktioneller Eigenschaften (z.B. Restentleerbarkeit, Barriereeigenschaften)

- aktive Verpackungen (z.B. essbare Nanoschichten für frische Lebensmittel)

- intelligente Verpackungen (z.B. ausgestattet mit Feuchte-Indikatoren auf Nano-Basis) [23].

Die Verfahren zur Strukturbildung im nanoskaligen Bereich sind vielfältig, lassen sich jedoch grob in zwei Kategorien fassen: Bottom-Up- und Top-Down-Verfahren. Bei den Bottom-Up-Verfahren werden die Strukturen aus ihren molekularen Bestandteilen zusammengesetzt. Bei den Top-Down-Verfahren werden trennende Verfahren eingesetzt, durch die größer strukturierte Ausgangsstoffe weiter miniaturisiert werden [20]. Die wesentlichen teilweise aus großtechnisch eingesetzten Verfahren können den Tabellen A1 sowie A2 dem Anhang entnommen werden.

5.4 Übertragung auf den verpackungsmaterial- bzw. werkstoffbezogenen Anwendungsbereich

5.4.1 Übertragung auf den werkstoffbezogenen Anwendungsbereich

Bei der Reinigung von Mehr- und Einwegflaschen durch Waschmaschinen bzw. sogenannte Rinser ist nicht nur der Reinigungsprozess an sich relevant, sondern auch die Art und Weise, wie die Verunreinigung sich in der Flasche abgelagert hat.[1] Dies können - entsprechend der Ausführungen von [1] - auch im Inneren der Flasche deponierte Luftstäube sein. Neben Hygieneaspekten sprechen auch andere Aspekte für eine Reinigung von Neu- und Altglas durch Rinser vor dem Abfüllprozess: Fremdstoffpartikel können sich nachteilig auf die Haltbarkeit des Produktes auswirken und bei CO_2-haltigen Getränken ein Entlösen des CO_2 beim Abfüllvorgang verursachen [25].

Die Reinigung einer Mehrwegflasche ist ein komplexer Prozess. Einflussgrößen sind neben der Reinigungslösung (Konzentration, Zusammensetzung, Temperatur) auch die Reinigungszeit sowie Art und Ausmaß der Verschmutzung. „Flaschenreinigungsmaschinen (FRM) müssen die gebrauchten MW-Flaschen so bearbeiten, dass sie zu

- sauberen, vollständig benetzten, rückstandsfreien Flaschen werden, die
- frei von pathogenen und getränkeschädlichen Mikroorganismen sind.

Dabei müssen Getränkereste, die darauf gewachsene Mikroflora und –fauna, Etiketten, Klebstoffe, Folierungsreste, Staub- und andere Verunreinigungen (Farbe, Mörtelreste) entfernt werden." [26] Als Reinigungsmittel werden hierfür neben alkalischen und sauren Reinigungsmitteln oder Komplexbildnern auch Tenside verwendet. Als grenzflächenaktive Substanzen setzen sie – ebenso wie eine höhere Temperatur - die Oberflächenspannung an der l/g-Grenzfläche herab und ermöglichen eine bessere Benetzung der Oberfläche [25].

Ein wesentliches Problem bei der Reinigung von Mehrwegflaschen besteht darin, dass die für die Reinigung eingesetzten Reinigungsmittel und -temperaturen das Mehrwegmaterial angreifen und Korrosion erzeugen. So wird eine Behälterglasoberfläche von alkalischen Lösungen ab einem pH-Wert von 9,8 angegriffen und gelöst. Bei PET-Flaschen kann eine Spannungsrisskorrosion („Stress Cracking") durch alkalische Reinigungsmittel, Tenside und Additive auftreten. Zudem kann alkalibedingt auch eine Trübung und ein Vergrauen („Hazing") des Werkstoffes auftreten [24]. Die Verschlechterung der Oberflä-

---

[1] Das Rinsen von an sich sauberen Einwegflaschen findet vor allem aus Gründen der Produkthaftung statt. [26]

chenqualität wirkt sich nicht nur auf die Reinigbarkeit negativ aus. Sie vergrö-
ßert auch die Haftwahrscheinlichkeit für Schmutz [25]. Die Reinigungstempera-
tur wiederum von PET-Mehrwegflaschen sind auch materialtechnisch beschränkt: Je nach Zusammensetzung und Herstellung dürfen sie nur bei
geringen Temperaturen unter 58...60 °C bzw. 75 °C gereinigt werden [26].
Somit liegt die Überlegung nahe, durch die genaue Kenntnis der mechanisch
wirkenden Ablöseprozesse diese besser nutzen und die Faktoren Temperatur
sowie Konzentration des Reinigungsmittels minimieren zu können. Auch
könnten neben einer geringeren thermischen und korrosiven Beanspruchung
des Materials Energie-, Chemikalien- und Wasserverbrauch auf ein Minimum
reduziert werden.

Die Erwägung von [1], es könnten neben den Grenzflächenkräften auch
dynamische Effekte eine größere Rolle spielen, wird bei der derzeitigen Umset-
zung im industriellen Bereich als eher gering eingeschätzt. „Die von einem
Spritzstrahl ausgeübte mechanische Beeinflussung der Phasen Grenzflächen
Glas/Schmutz/Reinigungsmittel ist zwar von der Strömungsform bzw. Turbulenz
der ablaufenden Flüssigkeit (Rieselfilm) abhängig, jedoch ist der Einfluss der
Grenzschichten und der Konzentrations-, Temperatur und Geschwindigkeits-
gradienten in diesen erheblich." [26] Die Fragen, inwiefern in diesem Fall die
Grenzflächenkräfte am Zwei- oder am Dreiphasensystem zum Tragen kommen,
muss an dieser Stelle jedoch offen bleiben.

Ein anderer Ansatz zielt weniger auf die gezielte Verbesserung von Benetzungseigenschaften als auf die Nutzung hydrophober Strukturen, um zum einen
eine Verschmutzung und damit die Ausbildung von Ablagerungen zu verhindern
und zum anderen die noch notwendigen Reinigungsabläufe zu verbessern. Die
aktuelle Thematik der Restentleerbarkeit von Verpackungen ist somit nicht nur
aus Anwendersicht bzw. recyclingtechnisch, sondern auch im Hinblick auf
Mehrwegverpackungen interessant. Bild 5.1 zeigt rechts eine nanobeschichtete
Flasche, welche erhöhten Ansprüchen bezüglich der Restentleerbarkeit
entspricht.

Bild 5.1 Nanobeschichtete Kunststoffflasche (rechts)

Die Flasche wurde in einem Verbundprojekt des Frauenhofer Instituts für Verfahrenstechnik und Verpackung (IVV) in Freising und für Grenzflächen- und Bioverfahrenstechnik (IGB) in Stuttgart, der Universität München und verschiedener Industriepartnern entwickelt. Die Flasche wird mit einer maximal 20 nm dicken Innenschicht versehen, die durch ein Plasma erzeugt wird. Dabei werden in einer Vakuum-Kammer Kunststoffe mit Hilfe von durch elektrische Spannung entzündeten Gasen auf der Flaschenoberfläche verteilt. Je nach Gaszusammensetzung können dabei verschiedene Eigenschaften erreicht werden [11]. Die so erzeugte Schicht könnte sich nicht nur in der Hinsicht positiv auf den Reinigungsprozess auswirken, indem die Oberfläche weniger verschmutzt wird; sie könnte auch wesentlichen Einfluss auf Abtrageprozesse durch Grenzflächenkräfte von verbleibenden Verschmutzungen während des Reinigungsprozesses selbst haben.

Die Einsetzbarkeit dieser Oberflächenmodifizierung für Mehrwegflaschen bleibt jedoch noch zu diskutieren. Insbesondere die Stabilität der Oberflächenstrukturen ist nicht nur im Hinblick auf die Reinigbarkeit an sich zu betrachten. Auch das Ablösen von Nanopartikeln und die mögliche Aufnahme durch den Menschen über die Flüssigkeit beim Trinkprozess stellen bisher nicht ausreichend geklärte Problematiken dar.

5.4.2 Übertragung auf den maschinentechnischen Bereich (CIP-Systeme)

Beim CIP werden die zu reinigenden Teile in einem geschlossenen Reinigungskreislauf innerhalb des Systems gereinigt. Aus hygienischen Gründen hat sich diese Art der Reinigung, die im Idealfall ohne menschlichen Eingriff erfolgt, als vorteilhaft herausgestellt. Die große Bedeutung, welche ein reibungslos funktionierender Reinigungsablauf hat, wurde bereits in Abschnitt 5.2 verdeutlicht. Im Hinblick auf die Werkstoffauswahl für die produktführenden Systemteile ist es daher „von äußerstem Interesse, zu wissen, welche Oberflächen sich ausschließlich durch Strömungskräfte und chemische Einwirkung besonders leicht reinigen lassen, da dies die qualitative Sicherheit der Produkte deutlich steigern würde." [8] Insbesondere die Gestaltung einer geeigneten Oberflächentextur ([6] [27]) über die gezielte Beeinflussung der Rauheit sowie die Frage, ob sich die Reinigbarkeit als Materialkonstante eines Werkstoffes auffassen lässt [10], standen und stehen im Mittelpunkt des Interesses.

Bei der CIP-Reinigung handelt es sich im Wesentlichen um Vorgänge im Zweiphasensystem: Reinigungsflüssigkeit und Feststoff. Lediglich bei Produktionsunterbrechung und Einbringung des Reinigungsmediums zum Beginn des Reinigungsprozesses kommt ein Dreiphasensystem über kurze Zeit zum Tragen. Trotz dieses grundsätzlichen Unterschiedes wird oft versucht, den Lotuseffekt selbst bzw. ähnliche Effekte auf den Bereich industrieller Reinigung zu übertragen. Jedoch ist eine Übertragung dieses Effekts auf Anwendungen im Produktionsbereich auch insofern schon wenig aussichtsreich, als dieser bislang den Anforderungen an die Beständigkeit und Stabilität bei entsprechenden Beanspruchungen nicht gerecht wird. „So führt die Zerstörung einer nanoskaligen Strukturierung zum Verlust der Funktionalität, oftmals kann aber eine solche Struktur nicht nachträglich, werkstattmäßig nachappliziert oder repariert werden." [20, S. 34]

Ein weiteres Problem, welches die Übertragbarkeit der Ergebnisse von [1] auf CIP-Systeme erschwert, liegt darin begründet, dass dieser nur Partikeln, jedoch keine filmartigen Verschmutzungen (Biofilme) betrachtet, wie sie in Produktionsprozessen häufig auftreten. Der Nachweis für den Einfluss von Grenzflächenkräften auf die Abtragung solcher Filme steht jedoch noch aus.

Nimmt man es nunmehr als Tatsache, dass es sich beim CIP im Wesentlichen um ein Zweiphasensystem handelt, bei dem die wichtigsten Parameter wie Oberflächentextur sowie Zusammensetzung und Temperatur des Reinigungsmediums von diesem abhängig gemacht werden, bleibt lediglich die Frage bestehen, wie sich diese auf den möglichen Abtragungseffekt bei Einbringung der Reinigungsflüssigkeit auswirkt. Die Betrachtung dieser Frage wäre jedoch wahrscheinlich eher von akademischem als von anwendungsrelevantem Interesse.

6 Schlussbetrachtung

Die Ausführungen haben gezeigt, dass die Forschungsergebnisse von [1] grundlegend für das Verständnis von Reinigungsprozessen sind. Eine direkte Übertragung zwischen Theorie und Praxis erscheint jedoch schwierig, da die in der Verpackungstechnik real auftretenden Phänomene mannigfaltiger oder gar anders geartet sind als die in der Untersuchung beschriebenen. Während im verpackungsmaterialtechnischen Bereich durchaus Vermutungen und Erkenntnisse unter Einbeziehung moderner Forschungsrichtungen wie Bionik und Nanotechnologie möglich sind, stößt die Übertragbarkeit auf CIP-Systeme eindeutig an ihre Grenzen. Hier müssen in der Regel Zweiphasensysteme betrachtet werden, welche andere Phänomene relevant werden lassen. Forschungsergebnisse aus Projekten des Forschungskreises für Ernährungsindustrie e.V. (FEI) zielen auf eben diese auftretenden diese Phänomene an Zweiphasengrenzen. Die Diskussion der Verwandtschaft der Erkenntnisse aus [1] und diesen Projekten könnte ggf. zu neuen Schlüssen über die Übertragbarkeit der Ergebnisse führen. Eine solche steht jedoch noch aus.

Anhang A – Übersichten zur Nanotechnologie

Tabelle A1: Zusammenfassung der Anwendungspotenziale der Nanotechnologie in der Produktion [20]

Tabelle 10:
Zusammenfassung der
Anwendungspotenziale
in der Produktion

	Ziele der prozessorientierten Produktion							Aufgaben				
	Effizienz	Langlebigkeit	Sicherheit	Kosten	Zeit	Nachhaltigkeit	Qualität	Produktionsmittel	Qualitäts- und Arbeitssicherheit	Produktionslogistik / MW	Verfahrenstechnik	Instandhaltung
Passive Schichten mit niedriger Oberflächenenergie	X			X		X				X	X	X
Aktive Schichten zur Oberflächenreinhaltung	X			X		X				X	X	X
Lotuseffekt	X			X		X						X
Antibakteriell		X	X	X		X					X	X
Photokatalyse			X	X		X					X	X
Korrosionsschutz			X	X	X	X		X		X		X
Verschleiß-Verringerung		X		X	X			X				X
Thermische Schutzschichten		X	X	X				X	X			
Materialeinsparung (Lösungsmittel)	X			X		X					X	
Verbesserte Abwasserreinigung	X			X	X	X	X		X		X	
Anti-Statik und transparente leitfähige (TCO) Schichten	X		X					X	X		X	
Elektromagnetische Abschirmung			X					X			X	
Antireflex Eigenschaften	X		X					X	X			
Anti-Beschlag Eigenschaften			X			X		X	X			
Geruchsabsorbierende / -zersetzende Schichten			X	X	X				X		X	
Brandschutz			X					X	X			
Wärme- und Schallisolation			X			X		X	X			
Erhöhung der Dichtigkeit	X	X	X	X		X				X	X	
Analyse und Qualitätssicherungsinstrumente	X		X			X			X		X	
Genaueres Dosieren	X		X	X		X		X			X	X
Fälschungssichere Kennzeichnung von Produkten			X	X				X		X		
Sensorik					X	X	X		X		X	

Tabelle A2 Top-Down-Herstellungsverfahren [20]

Top-Down-Herstellverfahren

VERFAHREN	CHARAKTERISTIKA	VOR-/NACHTEILE, BEISPIELE
Lithographieprozesse	Mikroelektronischer Prozess: Strukturierte Aushärtung kombiniert mit Ätzprozessen	Mikroelektronik/Mikrooptik, Auflösung begrenzt durch verwendete Lichtwellenlänge, sehr hoher Aufwand bei Strukturen unterhalb 100 nm
Hochenergiemahlen	Vermahlen von konventionellen Pulvern, hoher Energieaufwand, Aufskalierung möglich	Problem Verunreinigungen, oft für Metallcarbide/silizide (Hartstoffe) verwendet
Extreme plastische Verformung	Walzprozesse	Für Metalle angewandt, Beispiel Blattgoldherstellung
Entmischung von Gläsern	Temperprozesse bei hohen Temperaturen	Für metallische Gläser und anorganische Gläser/Glaskeramiken
Schmelzfaden-Technologie	Verdüsen von Metallschmelzen durch Ultraschalldüsen, Abschrecken in einem Gasstrom, kostenintensive Anlagen	Nur für Metallpulver. Nanobereich nur schwer erreichbar
Kontrollierte Detonation	Kontrollierte Explosion unter hohem Druck in spezieller Gasatmosphäre	Nanodiamant, Metalle, Oxide, Hartstoffe etc.
Elektrospinnprozesse (siehe Abbildung 17)	Erste industrielle Anlagen vorhanden, Forschung meist an Laboranlagen	für Polymere
Elektrische Bogenentladung	Schwierige Hochskalierung	zur Herstellung von C-Nano-tubes, Fullerenen
Delaminieren von Tonen/Schichtsilikaten	Schichtstapel der Silikate werden durch starke Kräfte zusammengehalten und müssen durch Energieeintrag getrennt und durch Dispergatoren stabilisiert werden. Hoher Energiebedarf für effektive Dispersion	zur Stabilisierung werden große Mengen Dispergatoren benötigt

Bottom-Up-Herstellverfahren

VERFAHREN	CHARAKTERISTIKA	VOR- / NACHTEILE, BEISPIELE
Chemische Fällung	kostengünstige Anlagen, billige Ausgangsmaterialien, hohe Ausbeuten, geringer Energieaufwand	Teilchengrößeverteilung mit Schwächen unterhalb von 100 nm
Sol-Gel	Anlagen kostengünstig, kleine Partikel mit enger Größenverteilung, aber oft nur kleine Mengen, in einigen Fällen hochskalierbar	Ausgangsmaterialien sind oft relativ teuer
Flammreaktoren Pyrolyse (Verbrennung), Hydrolyse	hoher Durchsatz, hohe Reinheit, mittlerer Energieaufwand	Großtechnisch für Ruße eingesetzt. Teilweise Aggregation nicht vermeidbar, Probleme mit monodispersen Partikelverteilungen; Flammhydrolyse für SiO_2 großtechnisch angewandt
Elektrochemische Abscheidung / Galvanik	kostengünstige Anlagen, billige Ausgangsstoffe, teilweise nichtwässrige Lösungsmittel	Stofflich: Bei Partikeln beschränkt auf Metalle und Oxide. Elektroplattieren für metallische Schichten ist im Einsatz
Mikroemulsionsverfahren	gute Kontrolle über Partikelgrößen, auch für Polymere angewandt	Schwächen bei sehr kleinen Partikelgrößen (< 50 nm)
Sprühtrocknung	kostengünstig, billige Ausgangsstoffe	Partikelgröße wenig homogen und meist > 100 nm
Hydrothermalverfahren	billige Ausgangsmaterialien, große Mengen möglich, aber relativ teure Anlagen	eingeschränkte Stoffauswahl, meist für Oxide eingesetzt
Gasphasensynthese (siehe Abb. 15)	Ausgangsmaterialien sind Festkörper, der Bildungsprozess der Nanostrukturen geht aber von vereinzelten Atomen / Molekülen aus, die sich kontrolliert zusammenlagern billige Ausgangsstoffe, große Mengen möglich, aber kostenintensive Anlagen, Kosten steigen bei kleinen Partikeln	Metalle, Oxide, Nitride
Chemical Vapor Deposition CVD (teilweise mit Plasmaunterstützung)	hoher apparativer Aufwand, hohe Reinheitsanforderungen, geringer Mengendurchsatz	relativ teuer, wird z. B. für CNT bzw. Fullerene eingesetzt [Fink 2002]

Anhang B – Patentrecherche (Depatnisnet)

Titel	Anmelder	Anmelde-datum	Anmelde-nummer	Abstract
Titel: Oberfläche; Text: Nanostruktur; Gesamttreffer: 12				
Verpackung mit haftungsverminderter Oberfläche sowie Verbundfolie hierfür	Tesseraux Spezialverpackungen GmbH, 68642 Bürstadt, DE	19.12.2006	102006060452	„Bei einer Verbundfolienverpackung, insbesondere für klebrige und/oder höherviskose zu verpackende Materialien, umfassend mindestens eine Mantelfläche und eine Bodenfläche, die einstückig oder zumindest bereichsweise umlaufend miteinander verbunden sind, ist erfindungsgemäß vorgesehen, dass zumindest die materialberührte Oberfläche einer mehrlagigen Verbundfolie aus mindestens einer Tragfolie und einer weiteren Lage, welche Antihafteigenschaften aufweist, besteht...“
Bauteil mit einer Beschichtung zur Verringerung der Benetzbarkeit der Oberfläche und Verfahren zu dessen Herstellung	Siemens AG, 80333 München, DE	04.02.2005	102005006014	„Die Erfindung betrifft ein Bauteil, welches aus einem Substrat mit einer Beschichtung besteht, wobei die Beschichtung eine die Benetzbarkeit verringernde Oberfläche des Bauteils ausbildet. Weiterhin betrifft die Erfindung ein Verfahren zur Herstellung eines solchen Bauteils. Die Beschichtung, die eine Oberfläche mit Erhebungen (19) und Vertiefungen (20) ausbildet, trägt zur Verringerung der Benetzbarkeit insbesondere durch einen an die Eigenschaften von Lotusblumen angelehnten Effekt ...“
VERFAHREN ZUR HERSTELLUNG EINER WERKSTÜCKOBERFLÄCHE, SOWIE WERKSTÜCK MIT VORGEBBAREN HYDROPHILEN BENETZUNGSEIGEN-SCHAFTEN DER OBERFLÄCHE	INCOAT GMBH, CH ; MOSER EVA MARIA, CH	20.03.2008	2008000130	„Es wird vorgeschlagen ein Werkstück (10) mit einer hydrophilen Oberfläche (9) herzustellen mit wählbarem Grad des hydrophilen Verhaltens, indem die Oberfläche eines Substratmaterials (1) mindestens in Teilbereichen mit einer Mikrostruktur (2, 3) versehen wird durch mechanisches Prägen und anschliessend beschichtet wird und mit einer mindestens zweistufigen Plasmabehandlung eine Nanostruktur (5) erzeugt wird, ...“
OBERFLÄCHE MIT EINER DIE BENETZ-BARKEIT VERMINDERNDEN MIKRO-STRUKTUR UND VERFAHREN ZU DEREN HERSTELLUNG	SIEMENS AG, DE ; HANSEN CHRISTIAN, DE ; KRUEGER URSUS, DE ; MICHELSEN-MOHAMMADEIN URSULA, DE ; SCHNEIDER MANUELA, DE	02.02.2006	2006050619	„Die Erfindung betrifft eine Oberfläche mit eine haftungsvermindernden Mikrostruktur und ein Verfahren zu deren Herstellung. Solche haftungsvermindernden Mikrostrukturen sind bekannt, um beispielsweise unter Ausnutzung des so genannten Lotus-Effektes selbstreinigende Oberflächen auszubilden. Die Oberfläche wird bevorzugt elektrochemisch mittels Reverse Pulse Plating hergestellt, ...“

Titel	Anmelder	Anmelde-datum	Anmelde-nummer	Abstract
Titel: Oberfläche; Text: nanostrukturiert; Gesamttreffer: 3				
Mikrostrukturierte, selbstreinigende katalytisch aktive Oberfläche	BASF AG, 67063 Ludwigshafen, DE	05.10.2000	10049338	„Gegenstand der Erfindung ist eine mikrostrukturierte, selbstreinigende, katalytisch aktive Oberfläche mit Erhebungen und Vertiefungen, enthaltend ein katalytisch aktives Material in den Vertiefungen. DOLLAR A Gegenstand der Erfindung ist ferner ein Verfahren zur Herstellung einer mikrostrukturierten, selbstreinigenden, katalytisch aktiven Oberfläche und eines Katalysatorformkörpers, …"
Kristallisator mit mikrostrukturierter, selbstreinigender Oberfläche	BASF AG, 67063 Ludwigshafen, DE	22.09.2000	10047162	„Die Erfindung betrifft ein Kristallisations- oder Fällungsapparat mit verminderter Neigung zur Ablagerung von Kristallen auf seiner Oberflääche, dadurch gekennzeichnet, daß der oder die Apparateteile, die mit Kristallisat, Lösung oder Mutterlauge der Kristallisation oder Fällung in Kontakt kommen, zumindest teilweise eine mit Erhebungen und Vertiefungen mikrostrukturierte, selbstreinigende Oberfäche aufweisen."
Produktführende Oberfläche eines Wägeautomaten	MULTIPOND Wägetechnik GmbH, 84478 Waldkraiburg, DE	30.03.2007	202007004721	
Text: Restentleerbarkeit; Gesamttreffer: 56				
Behälter mit verbesserter Restentleerbarkeit und Verfahren zu dessen Herstellung	SCHOTT AG, 55122 Mainz, DE	12.12.2006	102006058771	„Um insbesondere die Restentleerbarkeit von Behältern, wie Pharmapackmitteln, zu verbessern, sieht die Erfindung vor, entsprechende Substrate mit einer hydrophoben Beschichtung zu versehen. Dazu wird ein Verbundmaterial bereitgestellt, welches ein Substrat und eine darauf abgeschiedene Beschichtung umfasst, die zumindest einen Teil der Oberfläche des beschichteten Substrats formt, …"
Titel: Mehrwegbehälter; Gesamttreffer: 59				
MEHRWEGBEHÄLTER, VERSEHEN MIT EINER SCHUTZSCHICHT UND VERFAHREN ZUR RÜCKGEWINNUNG DES BEHÄLTERS	HENKEL NEDERLAND, NL ; B & R RECYCLING B V, NL	28.07.1995	95926029	

Titel	Anmelder	Anmelde-datum	Anmelde-nummer	Abstract
Titel: Oberfläche; Text: easy-to-clean; Gesamttreffer: 7				
Gegenstand mit leicht reinigbarer Oberfläche	SCHOTT AG, 55122 Mainz, DE	03.11.2004	202004021240	
Mit einer mikrostrukturierten Oberfläche versehene Substrate, Verfahren zu ihrer Herstellung und ihre Verwendung	Institut für Neue Materialien gemeinnützige GmbH, 66123 Saarbrücken, DE	16.04.1999	19917366	„Mit einer mikrostrukturierten Oberfläche versehene Substrate weisen eine Oberflächenschicht auf, die DOLLAR A (a) aus einer Zusammensetzung besteht, die Kondensate von einer oder mehreren hydrolysierbaren Verbindungen mindestens eines Elements M aus den Hauptgruppen III bis V und/oder den Nebengruppen II bis IV des Periodensystems der Elemente enthält, ...“
Gegenstand mit leicht reinigbarer Oberfläche und Verfahren zu seiner Herstellung	SCHOTT AG, 55122 Mainz, DE	04.11.2003	10351467	„Die Erfindung wendet sich an Gegenstände, insbesondere aus Glas oder Glaskeramik, die zur Erleichterung ihrer Reinigung eine Doppelbeschichtung aufweisen. Um eine Beschichtung, die sehr harten, für Backofeninnenscheiben entwickelten Testbedingungen genügt, zu gewährleisten, sieht die Erfindung für den Gegenstand eine Doppelbe-schichtung mit einer hydrophoben, eine mit freien OH-Gruppen reagierenden Komponente aufweisenden äußeren Schicht inneren Sol-Gel-Schicht aufgebracht ...“
Titel: Oberfläche; Text: reinigbar; Gesamttreffer: 7				
[DE] SYSTEM ZUR REINIGUNG EINER OBERFLÄCHE VON PARTIKELN	SERATEK, L.L.C.	06.05.1996	69624352	
[DE] VERUNREINIGUNGSWIDER-STANDSFÄHIGE - REINIGBARE - LICHTREFLEKTIERENDE OBERFLÄ-CHE	GORE ENTERPRISE HOL-DINGS INC, US	09.08.1999	69903741	
Titel: Flasche; Text: beschichtet; Gesamttreffer: 24				
Behälter, insbesondere Flasche, aus Kunststoff und Verfahren zu seiner Herstellung	Scheuch Folien- und Papierver-arbeitung GmbH & Co KG, 6109 Mühltal, DE	09.08.1986	3627068	„The invention relates to a vessel, in particular a bottle, of plastic for receiving beverages or the like, with a label applied to the outer circumferential surface and bonded to the vessel by an adhesive layer. To be able to remove the label easily and without residues ...“

Literatur

[1] Budde, Chr.: Abtragen und Umlagern deponierter Feststoffpartikeln an der Phasengrenze fest-flüssig-gasförmig. Aachen: Shaker-Verlag, 2001

[2] Wulf, Cl.: Neue Methoden zur Modifizierung spezieller Grenzflächen und deren Charakterisierung. Göttingen: Cuvillier, 1996

[3] Kuchling, H.: Taschenbuch der Physik. München: Fachbuchverlag Leipzig, 2001/2003

[4] o.V.: Meyers Großes Taschenlexikon. Mannheim: Bibliographisches Institut & F.A. Brockhaus AG, 1999

[5] Schmidt, E.: Kurz gefasste Grundlagen der Partikelcharakterisierung und der Partikelabscheidung. Aachen: Shaker Verlag, 2001

[6] Wildbrett, G. (Hrsg.): Reinigung und Desinfektion in der Lebensmittelindustrie. Hamburg: Behr's Verlag, 2006

[7] Brauer, H.: Grundlagen der Einphasen- und Mehrphasenströmungen. Grundlagen der chemischen Fülltechnik. Aarau: Sauerländer, 1971

[8] Waloschek, P.: Wörterbuch Physik. München: Deutscher Taschenbuchverlag, 1999

[9] Schubert, H.: Grundlagen des Agglomerierens, Chem. Ing. Tech. 51, Nr. 4, 1979, S. 266-277

[10] Bobe, U.: Die Reinigbarkeit technischer Oberflächen im immergierten System. München, Technische Universität, Dissertation, 2008, URL: http://www.wzw.tum.de/blm/mak/mak/Dissertation_Bobe.pdf; Stand: 28.01.2009

[11] URL: http://www.techportal.de/de/444/8/news,public,newsdetail_public/8/date_submission+DESC/,,,,/839/; Stand: 28.01.2009

[12] FEI Forschungskreis der Ernährungsindustrie: Nanotechnologische Entwicklung von *„easier-to-clean"*-Oberflächenstrukturen für eine zukünftig gesteigerte Lebensmittel- und Produktsicherheit. Projektbeschreibung AiF 210 ZN. Bonn, URL:

http://www.wzw.tum.de/blm/mak/mak/KURZFASSUNG.pdf;   Stand: 28.01.2009

[13] Norm DIN EN 1672-2:2005-07, Nahrungsmittelmaschinen - Allgemeine Gestaltungsleitsätze - Teil 2: Hygieneanforderungen. Beuth Verlag, Berlin

[14] Norm DIN 10516:2008-01, Lebensmittelhygiene - Reinigung und Desinfektion. Beuth Verlag, Berlin

[15] Norm DIN EN ISO 14159:2008-07, Sicherheit von Maschinen - Hygieneanforderungen an die Gestaltung von Maschinen. Beuth Verlag, Berlin

[16] Norm DIN EN ISO 22000:2005-11, Managementsysteme für die Lebensmittelsicherheit - Anforderungen an Organisationen in der Lebensmittelkette. Beuth Verlag, Berlin

[17] FEI Forschungskreis der Ernährungsindustrie: Werkstoffoberflächen, Haftung, Reinigung – ein neuartiges, inderdisziplinäres Konzept zur Vermeidung von Infektion und Kontamination bei der Produktion von Lebensmitteln. Projektbeschreibung AiF 12636 N. Bonn; URL: http://www.wzw.tum.de/blm/mak/mak/KURZFASSUNG.pdf;   Stand: 28.01.2008

[18] N.N.: Verpackung und Bionik – Von der Natur lernen. In: Neue Verpackung, 07-2001, S. 6

[19] Kesel, A. B.: Bionik. Frankfurt a.M.: Fischer Taschenbuchverlag, 2005

[20] Haas, K.-H.: NanoProduktion – Innovationspotenziale für hessische Unternehmen durch Nanotechnologien in Produktionsprozessen. Bd. 6 der Schriftenreihe der Aktionslinie Hessen-Nanotech des Hessischen Ministeriums für Wirtschaft, Verkehr und Landesentwicklung, 2007; URL: http://www.hessen-nanotech.de/mm/NanoProd_final_Internet.pdf; Stand: 28.01.2008

[21] URL: http://www.kompetenznetze.de/netzwerke/bionik-biokon/innovationshighlights/de/Lotus-Effect; Stand: 28.01.2009

[22] Heyer-Wevers, M.: Nanotechnologie – Chancen für den Maschinenbau. OWL Forum für Technologie und Innovation. 22.9.2005 – VDI Düsseldorf

[23] Heinz, S.: Nano verpackt's!. In: nanofacts – Wissen für Nanoanwender. 09-08, S. 4-5; URL: http://www.schauplatz.de/NanoWorld/Downloads/Nanofacts_4.pdf; Stand: 28.01.2008

[24] Theyssen, H.: Hazing und Stress-Cracking. In: Getränkeindustrie 53 1999-11, S. 722-723

[25] Blüml, S., Fischer, Sv.: Handbuch der Fülltechnik – Grundlagen und Praxis für das Abfüllen flüssiger Produkte. Hamburg: Behr's Verlag, 2004

[26] Manger, H.-J.: Füllanlagen für Getränke – Kompendium zur Reinigungs- und Verpackungstechnik für Einweg und Mehrwegflaschen, Dosen, Fässer und Kegs. Berlin: VLB Berlin, 2008

[27] Norm DIN EN ISO 4287:1998-10, Geometrische Produktspezifikationen (GPS) - Oberflächenbeschaffenheit - Tastschnittverfahren Benennungen, Definitionen und Kenngrößen der Oberflächenbeschaffenheit. Berlin, Beuth Verlag